U0038185

38道低卡甜點開心吃！

38道低卡甜點開心吃！

豆腐・豆渣・豆乳・油揚豆皮創意變點心

好味豆腐

38道低卡甜點開心吃

鈴木理惠子・著　監修・全豆連

關於豆類製品

以豆腐為首的豆類製品，是一種眾所皆知的健康食品。如同大多數人的認知，豆腐含有豐富優質的植物性蛋白質。此外，因豆腐的原料——大豆含有大豆異黃酮，功效近似女性荷爾蒙，而廣受女性關注。

近年來養生飲食風潮興起，「美活」（致力變美的行動）一詞也隨之流行，身為粗食代表的豆類製品，其卓越的營養價值與功能，也因此再次受到重視。

隨著時代變遷，現代人選擇食物的部位也有所改變，其中之一就是「豆渣」。在製作豆腐時，會分篩為豆漿與豆渣兩種產物，豆漿以商品之姿廣泛流通於市面，而豆渣卻只能被獨自陳列於一些豆腐店或超市當中。

史上有記載，在西元1999年，豆渣曾被最高法院判定為「產業廢棄物」。

近年來伴隨「環保」意識的抬頭，豆渣進而化身為優質的回收食材，以「營養價值的寶庫」取代了工業廢棄物的稱號被重新評估。據營養管理師表示，日本人普遍有不溶性食物纖維慢性攝取不足的現象，豆渣因含有豐富的不溶性食物纖維，食後具飽足感，經常攝取有可整腸促進排便、預防過量飲食、促進代謝等效果，成為美麗健康女性的飲食新選擇。

我希望將豆類製品的卓越特性用於製作甜點上，透過一些新的嘗試，對日本的傳統飲食文化傳承，作出一些貢獻。

全豆連

前言

豆腐，是家家戶戶的常備食材。
萌生以豆腐製作甜點的想法，
已是我初為人母時的事了。

容易購得、口感溫和、適合搭配任何食材、
低卡路里、高營養、低成本……
如此優質食材，真是非常難得。

埋首撰寫食譜時，
我有把握這些甜點不僅老少咸宜，
也非常適合像我這種想要享受美食，
同時想要擁有健康美麗的眾多女性們。

這本書超越了一塊豆腐的精粹，
就連同豆渣、豆漿、豆腐等食材，也都作得可愛又美味。
如果能因為此書，
讓酷愛甜點的新世代女性們的身心更添元氣，
而成為讓豆類製品變身「甜點食材新標準」的契機，
那麼，我會非常開心！

鈴木理恵子

The Tofu Dessert and Baking Book

Contents

豆腐・豆渣・豆乳・油揚豆皮創意變點心

好味豆腐
38道低卡甜點開心吃

本書使用規則

本書所載之最佳食用期，為包含保存期的賞味容許期間。
除有載明自次日起最好吃之外，
基本上建議您，
在完成後的第一時間享用為最佳。

1. 豆腐的部分，使用的是絹豆腐。
2. 豆漿的部分，使用的是無添加的原味豆漿。
3. 豆渣的部分則依食譜所示，分別使用生豆渣或乾豆渣製作。
4. 奶油或植物性奶油，皆使用無鹽奶油。
5. 吉利丁的部分，使用的是吉利丁粉。
6. 蛋的部分，大致使用中形蛋。
7. 砂糖的部分，皆可換成三溫糖等糖類製作。
（※三溫糖為日本紅砂糖。）
8. 沙拉油的部分，可換成其他植物油製作（芝麻油除外）。
9. 一大匙為15ml，一小匙為5ml，一杯為200cc。
10. 烤箱烘烤的時間會因家用烤箱的機種不同或其他操作因素而有所差異，
請依自家烤箱的特性，調整烘烤的溫度或時間。

以豆漿作甜點

Using SoyMilk.

以豆渣作甜點

Using Okara.

本食譜雖力求完美，若發生受傷或燙傷、機器損壞、耗損等情形，作者及出版社免負一切責任。

Part 1 以豆腐作甜點

Using Tofu.

每天在餐桌上見到且為我們所熟悉的豆腐，

柔軟白嫩、冰涼順口，

完全超越豆腐既有的形象，

是濕潤、厚實且可隨意發揮的甜點食材喔！

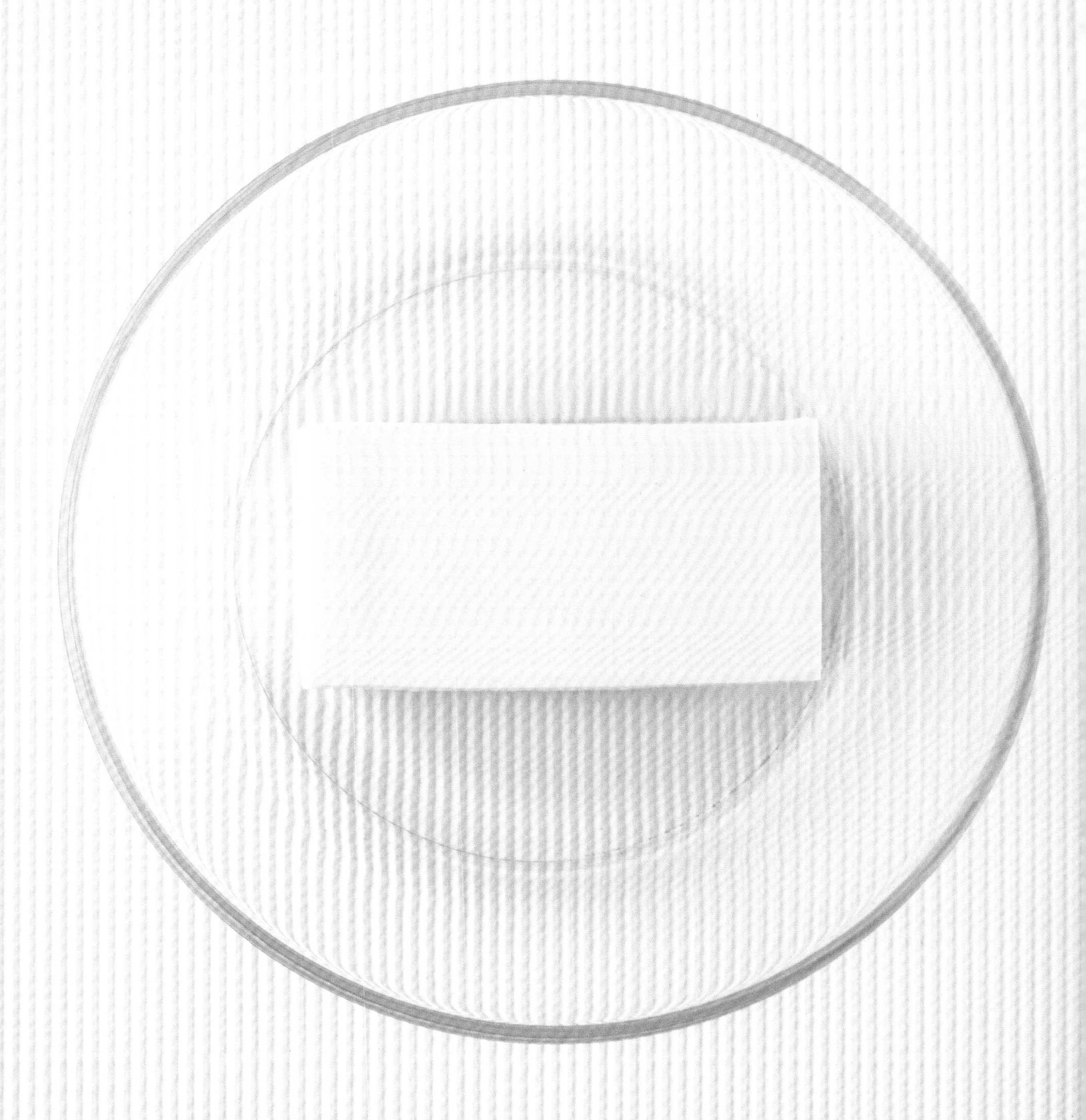

2 種基礎款抹醬

Custard Cream／Milk Cream

豆漿卡士達醬 102 kcal　豆漿牛奶醬　60 kcal

這兩款以香醇豆漿為基底作成的醬料，
是作豆腐甜點的基礎「關鍵」。
大豆的香氣濃郁、甜味溫和，
用來夾土司、抹蛋糕，
或搭配磅蛋糕都非常契合，是兩款百搭的萬能甜抹醬！

豆漿卡士達醬

・材料（1人份，相當於500cc）

豆漿	220cc
蛋黃	2個
砂糖	70g
低筋麵粉	2大匙
香草精	2滴

・製作方法

1. 蛋黃、糖放入耐熱容器中擦底攪拌，再將低筋麵粉過篩後倒入拌勻。〈**a**〉
2. 把豆漿慢慢倒入步驟1，充分攪拌至無結塊。〈**b**〉
3. 步驟2不覆蓋保鮮膜，直接放入微波爐以強溫加熱1分鐘後，取出充分攪拌。
4. 重覆進行「加熱30秒鐘後取出攪拌」的程序，直至材料變成黏稠狀即可。
5. 待材料變濃稠後，再倒入香草精一起攪拌，以細網眼的網篩加以過濾。〈**c**〉
6. 覆蓋保鮮膜，放入冰箱冷卻。〈**d**〉

豆漿牛奶醬

・材料（1人份　相當於500cc）

豆漿	220cc
脫脂奶粉	2大匙
蜂蜜	40g
玉米粉	2大匙
香草精	2滴

・製作方法

1. 把蜂蜜、脫脂奶粉、玉米粉放入耐熱容器擦底攪拌。〈**e**〉
2. 豆漿慢慢倒入步驟1，充分攪拌至無結塊。〈**f**〉
3. 其後的步驟，與豆漿卡士達奶油醬相同。

point

➲當天吃最好吃。趁點心新鮮美味時，通通吃光光吧！

〔豆漿卡士達醬〕
〔 豆漿牛奶醬 〕

乳酪蛋糕

Baked Cheese Cake

切成 1/8 大小 178kcal

道地的紐約風乳酪蛋糕。
雖然以豆腐製作，
卻嚐得到奶酪般醇厚風味，
以及奶油餅乾基底的濕潤口感。
為能享受到扎實豐富的質地，
請靜置一晚後再行享用。

a

b

c

d

・材料

(直徑 15cm 的圓形活底蛋糕模 1 個份)

<內餡>

豆腐 ………… 200g
奶油乳酪 ………… 200g
優格 ………… 100g
蛋 ………… 2顆
砂糖 ………… 80g
低筋麵粉 ………… 2大匙
玉米粉 ………… 2大匙
檸檬汁 ………… 1大匙

<蛋糕基底>

蘇打餅乾(曲奇餅) ……… 10至14片
已溶化的奶油 ………… 1大匙

・製作方法

1. 拍碎基底用的蘇打餅乾，拌入已溶化的奶油，緊密地鋪入活底烤模。〈**a**〉
2. 將錫箔紙覆蓋在步驟**1**的基底上，再把烤模放入冰箱備用。
3. 豆腐放置室溫軟化後，倒入調理盆中，以手持攪拌器將豆腐、奶油乳酪、優格、蛋、砂糖一起充分攪拌。
4. 將低筋麵粉、玉米粉倒入步驟**3**，再倒入檸檬汁繼續攪拌。〈**b**〉
5. 以細網眼的網篩，過篩步驟**4**。〈**c**〉
6. 將步驟**5**的材料，一口氣倒入冰鎮過的蛋糕模。
7. 烤盤上裝滿熱水，放入預熱至170℃的烤箱，隔水蒸烤45分鐘。
8. 烤箱門不需打開，讓蛋糕靜置其中3至6小時後取出。待完全冷卻，放入冰箱冷藏一晚後再使其休眠一日，讓味道完全融合。

point

➔第二天最好吃。放入冰箱約可存放兩天。〈**d**〉

以豆腐作甜點

Using Tofu.

生乳酪蛋糕

No Bake Cheese Cake

切成 1/8 大小 156kcal

奶油乳酪濃郁滑潤的口感，
搭配檸檬的清爽風味，再拌入豆腐，
就成了這一道加倍健康的乳酪蛋糕。
以食用花卉襯托其白皙柔滑，
更添時尚氛圍。

a

b

c

d

・材料

（直徑15cm的圓形活底蛋糕模1個份）

※非素

豆腐…………………………… 150g
優格…………………………… 150g
奶油乳酪 ……………………… 250g
砂糖…………………………… 80g
白葡萄酒……………………… 1大匙
檸檬汁………………………… 1大匙
吉利丁粉……………………… 8g
裝飾用的飾物………………… 酌量

・製作方法

1. 奶油乳酪放置室溫軟化後，與豆腐、優格、砂糖一起拌勻。〈**a**〉
2. 將白葡萄酒與檸檬汁混合，將吉利丁粉泡漲，加熱溶解但不需沸騰。
3. 一邊將步驟**2**慢慢倒入步驟**1**，一邊以手持攪拌器將全部材料攪拌至滑潤。〈**b**〉
4. 以網篩來過濾步驟**3**的材料後，連同調理盆放入冰箱冷藏，直至呈現濃稠厚滯狀。〈**c**〉
5. 將材料倒入活底蛋糕模，靜置數小時，待其冷卻凝結。〈**d**〉
6. 以水果或食用花卉等自己喜歡的裝飾物加以裝飾。

舒芙蕾乳酪蛋糕

Souffle Cheese Cake

切成 1/8 大小 191kcal

濕潤鬆軟、口感輕柔，吃一口瞬間在口中化開……
這是一款保留豆腐質感，
餘味也很清爽的舒芙蕾乳酪蛋糕。
在蛋糕表面塗上醬汁，
烤色更加秀色可餐。

a

b

c

d

e

・材料

（直徑15cm的圓形活底蛋糕模1個份）

豆腐……300g
豆漿……60g
乳酪片（未融化的乳酪）……100g
蛋……4顆
砂糖……80g
低筋麵粉……80g
檸檬汁……1大匙
杏桃醬……2大匙

・製作方法

1. 在活底蛋糕模內抹上奶油，撒上一些手粉（皆為份量外），放入冰箱備用。
2. 將豆漿加熱，放入撕碎的乳酪加以溶解。
3. 將蛋白與蛋黃分開。取4顆份的蛋白與40g砂糖，確實打發成蛋白霜狀後，放入冰箱冷藏。〈a〉
4. 剩餘的4顆蛋黃與40g砂糖進行擦底攪拌，倒入豆腐與低筋麵粉，再倒入冷卻後的步驟2後充分攪拌。〈b〉
5. 各取1/3量的步驟3與4，輕快地混合攪拌。將全部麵糊混合拌勻，倒入底部包有錫箔紙的烤模內。〈c〉
6. 在烤盤內裝滿熱水，以預熱至170℃的烤箱，隔水蒸烤40分鐘。〈d〉
7. 待涼之後，以刷子在表層塗上醬汁。
8. 待完全冷卻後進行脫模。

point

- 蛋糕剛出爐時會膨脹，表面偶爾會有脹破的情形發生，但會逐漸消氣趨於穩定，不必太過在意。〈e〉
- 第二天最好吃。放入冰箱一晚加以休眠，味道會更穩定且美味。

以豆腐作甜點

Using Tofu.

屋比派

Whoopie pie

1個 150kcal（裝飾除外）

來自美國的屋比派，
其名來自端出這道點心時，
小朋友總會發出開心得「whoopie！(哇！)」。
真是一道讓人想要豪爽地大口吃掉的可愛點心。

a

b

c

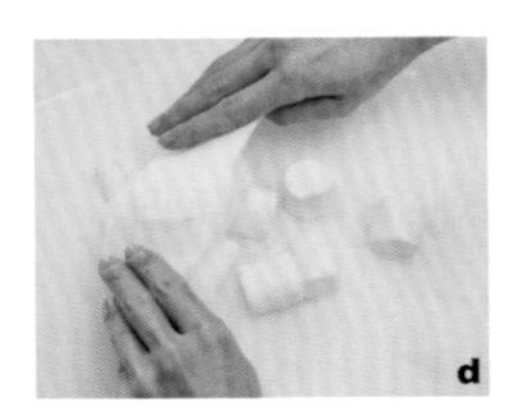
d

e

・材料（6個份）

豆腐……50g
奶油……50g
低筋麵粉……80g
可可粉……30g
泡打粉……1/2小匙
砂糖……60g
棉花糖……8至10個
香草精、白蘭地、裝飾用巧克力、金（銀）珠……酌量

・製作方法

1 奶油放置室溫軟化後，與砂糖一起攪拌成泛白蓬鬆狀。
2 將豆腐打散，慢慢倒入步驟1充分攪拌。可依喜好加入少許香草精及白蘭地。〈a〉
3 將低筋麵粉、可可粉、泡打粉混合過篩後，倒入步驟 2 輕快地攪拌。〈b〉
4 將步驟3放入擠花袋，在烤盤上擠出相同份量的圓形後，以湯匙輕壓成型。放入預熱至180℃的烤箱，大約烘烤15分鐘。〈c〉
5 趁烘烤期間，以水稍微涮一下棉花糖，去除表層的玉米澱粉後，拭乾水分備用。〈d〉
6 夾心用的餅乾烤好後，在餅乾尚未冷卻前，將棉花糖夾入兩片餅乾的中間。〈e〉
7 輕輕按壓，讓棉花糖融入其中，冷卻後可依喜好以巧克力或裝飾用金（銀）珠裝飾。

point

➲ 約從製作好當日至第二天最好吃。

以豆腐作甜點

Using Tofu.

南瓜 & 煉乳冰淇淋

Pumpkin Ice Cream

1/4 量　171kcal

南瓜鮮明的橙黃色，
搭配鬆軟甘甜的口感，
是一款令人欣喜的冰淇淋。
其中添加了餅乾與堅果，讓滋味更加豐富。
一層層堆得高高的或隨意盛放，都十分賞心悅目，
是一道讓人想要常備在家中的點心。

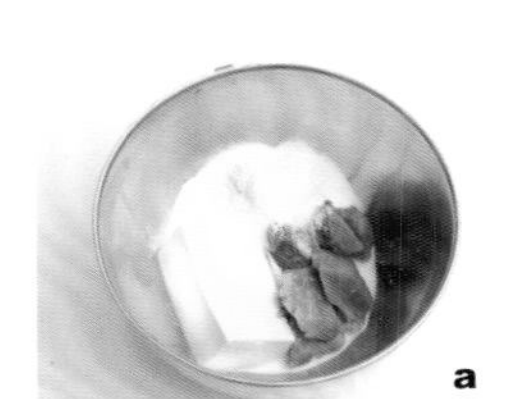
a

b

c

d

・材料

豆腐	200g
南瓜	180g
脫脂奶粉	5大匙
豆漿	50cc
蛋黃	1個
煉乳	1/3杯
肉桂粉、白蘭地	少許
巧克力餅乾	酌量

・製作方法

1. 將南瓜煮軟。南瓜皮是否去皮可依喜好決定。
2. 將豆腐、豆漿、脫脂奶粉加入步驟1，以手持攪拌器加以充分攪拌。〈**a**〉
3. 將蛋黃、煉乳、香料、白蘭地加入步驟2，攪拌至光滑狀。〈**b**〉
4. 將材料倒入玻璃容器或平底方盤後，放入冷凍庫結凍。冷凍途中取出2至3次，大量地拌入空氣。可依個人喜好加入壓碎的巧克力餅乾。〈**c**〉

point

- 當天至後數天吃最好吃。放入冷凍庫約可保存1星期。
- 除餅乾之外，還可以堅果入餡，風味更為香醇。〈**d**〉

以豆腐作甜點

Using Tofu.

烤甜甜圈

Baked Doughnuts

1個 44kcal

使用非油炸的方式處理，
大大降低了這道甜點的熱量。
口感顯得濕潤濃郁。
一個接著一個，不知不覺把手伸得長長的。
小巧可愛的尺寸，
當成小小伴手禮，也很合適喔！

a

b

c

d

・材料（迷你甜甜圈12個份）

豆腐 40g
低筋麵粉 60g
杏仁粉 10g
泡打粉 1/4小匙
芝麻醬 1小匙
（若全作成黑芝麻口味，則使用2小匙）
三溫糖 40g
（※三溫糖為日本紅砂糖。）
蛋 1顆
奶油或植物性奶油 30g
脫脂奶粉 1小匙
香草精 .... 少許

・製作方法

1 將蛋與三溫糖擦底攪拌至泛白。
2 豆腐與香草精加入步驟1內充分攪拌。〈a〉
3 將低筋麵粉、杏仁粉、泡打粉過篩，倒入步驟2輕快地攪拌。〈b〉
4 奶油或植物性奶油倒入步驟3拌勻。〈c〉
5 將步驟4裝入擠花袋，擠入烤模內。〈d〉
6 放入預熱至180℃的烤箱中，烘烤10至13分鐘，烤成淡淡的黃褐色即表示完成。

point

➲從剛作好到第二天最好吃。也可在烤好完全冷卻後，放入密閉容器中以冷凍方式保存。
➲若要全都作成黑芝麻甜甜圈，可在步驟2中加入兩小匙芝麻醬。若只想製成一半的黑芝麻麵糊，則在步驟2之後，將麵糊一分為二，擇一份加入一匙黑芝麻醬即可。

烤巧克力香蕉蛋糕

Baked Chocolate Banana Cake

切成 1/8 大小 99kcal

將香蕉＆巧克力這兩種黃金拍檔，
作成了如陶罐派般的濕潤蛋糕。
品嚐巧克力的微苦融合蘭姆酒的大人風味，
搭配一杯濃縮咖啡或香檳真是恰到好處。

a

b

c

・材料（15cm方形烤模一個份）

豆腐	200g
蛋	1顆
砂糖	50g
純苦巧克力	1片（約55g）
牛奶	1大匙
低筋麵粉	1大匙
香蕉	1根（中形）
蘭姆酒	1小匙

・製作方法

1. 巧克力切碎後，與牛奶一起隔水加熱，或放入微波爐加熱溶解。〈**a**〉
2. 將豆腐、蛋、糖放入另一個調理盆，以手持攪拌器充分攪拌。〈**b**〉
3. 將香蕉與步驟1一併倒入步驟2後，加入蘭姆酒與過篩的低筋麵粉拌勻，倒入鋪上烘焙紙的烤模內。〈**c**〉
4. 放入預熱至180℃的烤箱，大約烘烤35分鐘。

point

➲第二天最好吃。冷藏保存可存放2至3日，因賞味期稍短，請在味道最佳的第二天把它吃光光吧！

以豆腐作甜點

Using Tofu.

無花果 & 核桃司康

Fig Walnut Scones

1個 163kcal

咬一口，從鬆脆的司康當中，
快樂地滾出無花果與核桃。
在司康裡添加果乾與堅果，
相當香甜耐嚼，營養也十分豐富，
當成一餐輕食享用也很方便呢！

a

b

c

d

・材料（10個分）

豆腐 100g
奶油或沙拉油 30g
低筋麵粉 300g
泡打粉 1/2小匙
無花果乾 20g
核桃 30g
鹽 1撮
蜂蜜 3大匙

・製作方法

1 豆腐放入調理盆中，搗至滑潤。
2 將置於常溫軟化的奶油、糖、蜂蜜，混合攪拌至滑潤狀。〈**a**〉
3 低筋麵粉與泡打粉混合後過篩，倒入步驟**2**攪拌。〈**b**〉
4 將無花果乾撕成適當的大小，與核桃一起放入步驟**3**攪拌。〈**c**〉
5 將步驟**4**的材料邊摺邊集中後，進行壓模或以刀切割成型後，排放在烤盤上，放入預熱至190℃的烤箱，烘烤20分鐘。〈**d**〉

point

- 剛出爐時最好吃。放入冰箱冷藏保存約可存放3至4日。亦可冷凍保存，在享用前，待其自然解凍後，放入烤箱再烤一次即可。
- 以楓糖代替蜂蜜，作成原味麵團來烤焙也很好吃。

提拉米蘇

Tiramisu

1個 188kcal

源自義大利的提拉米蘇，
濃郁的起司風味搭配微苦的咖啡香，產生絕妙和諧感，
引出優格和豆腐那奶油般的醇厚口感，餘味香濃爽口，
盛裝在透明的容器中，層層分明的外型格外好看。

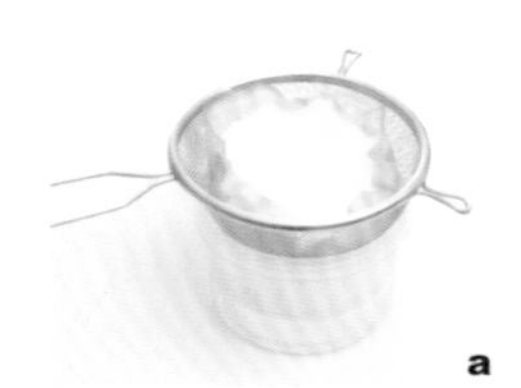
a

b

c

d

・材料

豆腐 150g
生豆渣 70g
水切優格 200g
奶油乳酪 80g
砂糖 4大匙
餅乾 3片
即溶咖啡 .... 酌量
檸檬汁 1大匙
蘭姆酒 .... 少許

・製作方法

1 將優格倒入咖啡濾杯中過濾後，靜置一晚瀝乾水分。混合奶油乳酪與瀝乾的豆腐，以手持攪拌器充粉攪拌。〈**a**〉
2 將糖與檸檬汁倒入步驟1，攪拌成滑潤狀。〈**b**〉
3 生豆渣放入微波爐加熱幾分鐘，讓多餘水分揮發，加以冷卻。
4 在步驟3內放入即溶咖啡、蘭姆酒與擘碎的餅乾，輕輕地混合攪拌。〈**c**〉
5 於杯中鋪上少許步驟4的材料，再疊上步驟2的奶油，反覆操作這兩個步驟。〈**d**〉
6 在步驟5表層撒上可可粉，作為最後的修飾。

以豆腐作甜點

Using Tofu.

南瓜派

Pumpkin Pie

切成 1/12 大小　119kcal

將南瓜熱呼鬆軟的美味，直接作成可口的甜派。
純粹的甘甜與濕潤的口感，
是南瓜特有的醍醐味。
將尺寸烤大一些，大家熱熱鬧鬧地一起享用，
讓每個人都享受得到南瓜的香甜美味吧！

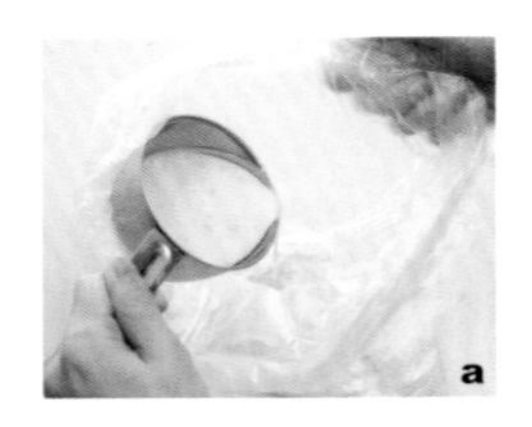

a

b

c

d

e

・材料（直徑15cm的塔模1個份）

<派皮>

材料	份量
豆渣粉	20g
豆漿	60g
低筋麵粉	100g
寒天粉	1小匙
沙拉油	2大匙
鹽	1撮
砂糖	1大匙

<餡料>

材料	份量
熟南瓜	200g
豆腐	120g
蜂蜜	6大匙
脫脂奶粉	3大匙
蛋	2顆
蘭姆酒	1小匙
肉桂等香料	適量

・製作方法

<派皮>

1. 豆漿與沙拉油混合備用。
2. 將步驟**1**之外的全部材料，放入塑膠袋內混合。
3. 將步驟**1**倒入步驟**2**和成一整塊麵團。整袋放入冰箱，大約休眠30分鐘。〈**a**〉
4. 以擀麵棍將步驟**3**連同塑膠袋一起擀薄後，剪開袋邊，取出麵團。〈**b**〉
5. 先把烤模覆蓋在步驟**4**上，再快速扣回，將麵皮緊密地鋪入烤模當中。以叉子全面戳洞，放入180℃的烤箱，大約烘烤12分鐘。〈**c**〉〈**d**〉

<餡料>

1. 以手持攪拌器，將全部材料攪拌至滑潤狀，再以網篩過濾。〈**e**〉
2. 將步驟**1**倒入派皮的烤模內，放入預熱至180℃的烤箱，大約烘烤40分鐘。

point

➲ 出爐後的2至3天（冷藏保存）為最佳賞味期。

杏桃白玉
Apricot Dumplings

1/4量 約3個 173kcal

Q彈有勁、口感冰涼的白玉。
包入酸酸甜甜的杏桃，
作成略帶民族風的點心。
可以試著更換糖漿或內餡，
隨心所欲地自由組合吧！
（＊白玉為日式湯圓）

e

a

b

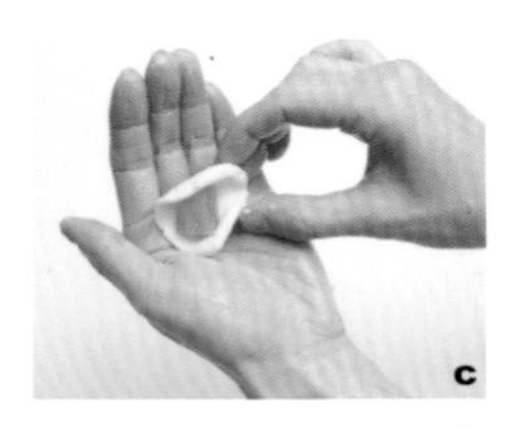
c

d

・材料 （12個分）

豆腐	100g
白玉粉	100g
杏桃乾	5至6片
蜂蜜	3大匙
檸檬汁	1大匙
小茴香粉	酌量

・製作方法

1. 在深鍋內倒入熱水，加熱備用。
2. 取白玉粉與半量豆腐混合攪拌後，再慢慢倒入剩下的豆腐，將混合好的麵團揉成耳垂般的柔軟度。〈a〉〈b〉
3. 將步驟2撕成12個白玉大小，放在掌心搓成圓球狀後壓平。把杏桃撕成適當大小，包入白玉當中，製作成白玉丸子。〈c〉
4. 將步驟3放入滾開的熱水中，煮至白玉浮至水面後再煮一分鐘。如果要品嚐冰涼的口感，可以用冷水浸泡冷卻後食用。〈d〉
5. 將蜂蜜與檸檬汁混合後製成醬汁，淋在已盛盤的白玉上，最後再依喜好撒上小茴香粉。

point

- 當日食用最為美味。冷凍保存亦可，在食用前先以熱水川燙，就能恢復柔軟的狀態。
- 把內餡更換成黑棗乾、覆盆子、蜂蜜＆花生醬、切碎的核桃＆黑糖，也很好吃喔！〈e〉

彩椒麵包

Paprika Bread

切成 1/8 大小　133kcall

把紅椒天然的營養色素，揉入麵糊裡，
烤出鮮明可口的顏色。
紅椒的風味獨特，散發出特殊的香氣，
是一款早餐、點心皆適用的麵包。
若揉入櫛瓜，就變成了優雅的綠色喔！

a

b

c

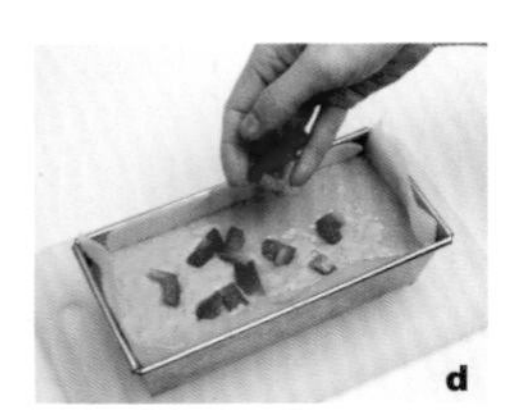
d

・材料

材料	份量
豆漿	100cc
彩椒	150g
低筋麵粉	140g
砂糖	80g
脫脂奶粉	2大匙
檸檬汁	1大匙
泡打粉	2小匙
玉米粉	1大匙
鹽	1撮

・製作方法（15cm的方形烤模1個份）

1. 將彩椒仔細洗淨，切成適當大小備用。先取出一些彩椒，以備稍後放在麵包上。〈**a**〉
2. 以手持攪拌器，將剩餘的彩椒和豆漿，充分攪拌至潤滑狀。
3. 將全部材料（除檸檬汁以外）混合過篩，倒入步驟**2**。再加入檸檬汁，加以輕快地攪拌。〈**b**〉
4. 在烤模內抹上份量外的奶油或鋪上烘焙紙，倒入步驟3。將備用的彩椒撒在上層，放入預熱至180℃的烤箱，大約烘烤30分鐘。〈**c**〉〈**d**〉

point

- 約從剛出爐至其後兩天最好吃。若隔夜享用，可以烤箱烤過較佳。
- 低筋麵粉也可改以200g的鬆餅粉代替。

香草巴伐利亞布丁

Vanilla Bavarian Cream

切成 1/8 大小　166kcal

老少咸宜的巴伐利亞布丁，
有著順口滑潤的口感及溫和的甜味，
很適合搭配酸酸的小番茄，
作成華麗的裝飾蛋糕，
擺在喜慶會場也很搶眼喔！

a

b

c

d

e

・材料

（直徑15cm的活底圓模1個份）※非素

豆腐	150g
牛奶	50cc
蛋	2顆
鮮奶油	200cc
砂糖	20g
蜂蜜	20g
吉利丁粉	10g
水	1大匙
白葡萄酒	1大匙
香草精	2至3滴
小番茄	約50顆
手指餅乾	約10條

・製作方法

1. 取豆腐與牛奶調成200cc的麵糊。
2. 以水與白葡萄酒，將吉利丁粉泡漲備用。
3. 取2顆蛋黃加上蜂蜜打發至厚實狀，再倒入香草精。〈**a**〉
4. 將步驟**2**放入微波爐加熱溶解（毋需沸騰）後，先倒入步驟**1**，再一起倒入步驟**3**，攪拌後加以過濾。將材料連同調理盆放入冰箱，冷藏至呈勾芡狀即可。〈**b**〉〈**c**〉
5. 取另一個調理盆，倒入鮮奶油與水，打發至9分濃稠度。將冷卻後的步驟**4**分3次倒入調理盆中，輕快地攪拌。〈**d**〉
6. 將步驟**5**倒入活底模具後，放入冰箱冷卻。
7. 待步驟**6**凝固後進行脫模。將手指餅乾對摺後，黏在巴伐利亞布丁四周，上方放上小番茄，並擠上鮮奶油作裝飾。〈**e**〉

point

➲當日至次日享用最好吃。

Part 2 以油揚豆皮作甜點

Using Abura-age.

以「稻荷壽司」外皮聞名的油揚豆皮，

吃起來蓬鬆、柔軟，烤過後香味四溢，

變成如圖中的可愛模樣！

將焦黃、酥脆的油揚豆皮，作成一道道真功夫的甜點，

盡情地享受這種創意吧！

以油揚豆皮作甜點

Using Abura-age.

奶油泡芙

Cream Puff

1個 220kcal

泡芙的麵糊不易製作，不作也OK！
將甜味溫和的豆漿卡士達醬，
與膨鬆醇厚的發泡奶油，
滿滿地夾入油揚豆皮中，再放上草莓，
就成了燭台外型般討喜的奶油泡芙囉！

・材料（6個份）

油揚豆皮 3片
豆漿卡士達醬 300cc
（請參閱p.8）
草莓 6顆
鮮奶油 90g
糖粉 .... 酌量

・製作方法

1 將油揚豆皮以熱水燙過，確實去除油分後，再對半切開，拉開成袋子的形狀。
2 將揉成一團的錫箔紙裝入豆皮袋子中，以烤麵包機或平底鍋烤至焦黃。〈**a**〉
3 小心取出袋中的鋁箔紙，以維持開口處完整，待冷卻後，以湯匙或擠花袋將豆漿卡士達醬裝入袋中。〈**b**〉
4 以發泡鮮奶油或喜歡的水果作裝飾，最後撒上糖粉。〈**c**〉

point

➲剛作好時最好吃。以稍深的容器盛裝較方便。

以油揚豆皮作甜點

U s i n g   A b u r a - a g e.

熱帶燕麥棒

Tropical Oats Bar

1個 83kcal

這是一款擁有香噴噴堅果、果乾的健康燕麥棒，
咬一口，宛如西洋版的「米香」！
豐富的營養與爽脆的嚼勁，在肚子微餓時，可當作輕食享用喔！

a

b

c

d

・材料（12個分）

油揚豆皮 1片
麥片 1杯
椰子粉 1/2杯
棉花糖 約40g
奶油 20g
西式米香（rice krispies）.......... 1杯
芒果乾 20g

・製作方法

1 油揚豆皮放入烤麵包機烘烤，將水分烤乾後切碎。芒果乾亦切碎備用。
2 將麥片與椰子粉放入平底鍋乾炒後放涼。〈**a**〉
3 把棉花糖與奶油放入耐熱容器，以微波爐融化後，充分攪拌融合。〈**b**〉
4 將西式米香與步驟**1**拌勻，一口氣倒進步驟**3**的容器中，整體快速蘸上棉花糖。〈**c**〉
5 在方形模具中鋪上烘焙紙後，倒入步驟**4**，以手按壓擠出氣泡。壓上重物後，放入冰箱大約冷卻凝固2小時，取出後切成適當的大小。〈**d**〉

point

➲ 當日放入密閉容器，冷藏約保存1週左右，是最佳賞味期。

以油揚豆皮作甜點

Using Abura-age.

拿破崙派

Mille-feuille

1個 230kcal

喜歡聽到別人驚訝地問：「這是油揚豆皮作的？」，
這款充滿魅力，討人喜歡的拿破崙派，
不同於一般派皮的鬆脆口感，
擁有油揚豆皮獨特的香氣與酥脆的嚼勁，
品嚐得出難以言喻的美味！

a

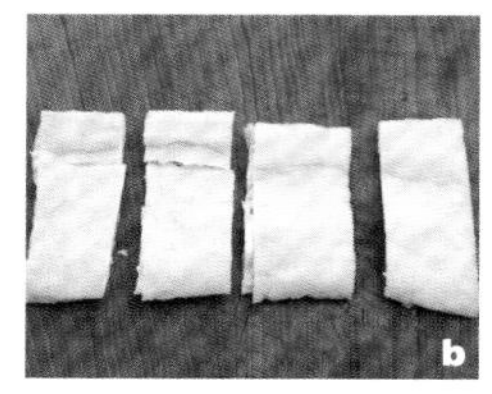
b

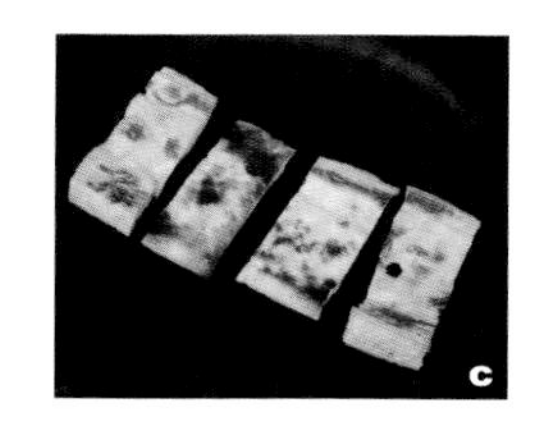
c

・材料（4～5個分）

油揚豆皮 2片
豆漿卡士達醬.................................
200cc至250cc（一個派50cc）
草莓 12至13個..............................
（8至9顆切成片狀、4至5顆供裝飾用）
鮮奶油 60g至75g..........................
（每個約使用15g或1大匙）

・製作方法

1 油揚豆皮以熱水燙過，確實去除油分後，以菜刀從中對半剖開。將一片豆皮切成3至4份。〈**a**〉〈**b**〉
2 以烤麵包機或平底鍋，把步驟**1**烤至焦黃後，待其完全冷卻。〈**c**〉
3 冷卻後，在盤中放上一片油揚豆皮，薄薄地抹上一層卡士達奶油醬，再放上草莓切片。
4 重複步驟**3**的工序，製作三層。
5 將打發好的鮮奶油滿滿地盛放在最上層，並以草莓等喜愛的水果加以裝飾。

point

➲剛作好時，外皮酥脆最是好吃。

以油揚豆皮作甜點

Using Abura-age.

蘋果派

Apple Pie

1個 370kcal

以烤至酥脆的油揚豆皮當成派皮，
作成一款不同面貌的蘋果派。
甜煮蘋果的內餡，散發著微微的香氣，
最適合搭配健康的豆漿卡士達醬。
以市售的果醬來製作也OK。

a

b

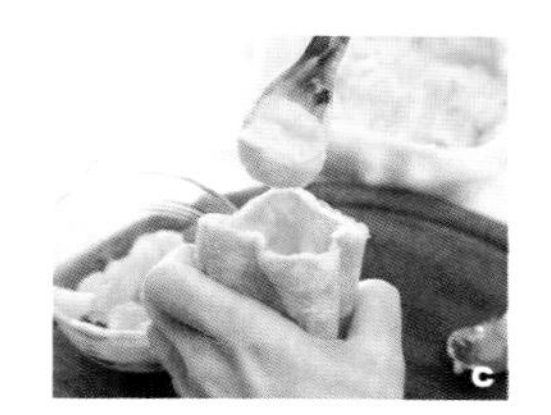
c

d

・材料（3個份）

油揚豆皮 3片
豆漿卡士達 ..... 300cc（請參閱p.8）
蘋果 小的1個
砂糖 10g
檸檬汁 1小匙
肉桂粉 .... 適量
糖粉 .... 酌量

・製作方法

1 將蘋果細切，抹上砂糖與檸檬汁，放入微波爐或鍋中加熱，製作甜煮蘋果醬。
2 油揚豆皮以熱水燙過，確實去除油分後，切掉豆皮邊，拉開成袋子的形狀。〈**a**〉
3 將步驟**1**的蘋果醬與豆漿卡士達醬裝入袋內，約六分滿即可。〈**b**〉〈**c**〉
4 將步驟**3**的豆皮邊往內捲，並以牙籤固定。
5 將錫箔紙鋪在烤麵包機中，放入步驟**4**烤至焦黃，出爐後依喜好撒上糖粉就完成了。〈**d**〉

point

➲剛出爐時最好吃。

Part 3 以豆漿作甜點

Using Soy Milk.

清爽、淡味是一種對腸胃相當溫和的食材，

且多被當成牛奶替代品的好喝豆漿，

現在也愈來愈有人氣了！

接下來，就以清爽黏稠、口感滑潤的豆漿，

製作好吃的甜點吧！

克拉芙緹

Clafoutis

切成 1/8 大小　　190kcal

克拉芙緹是一款法國的家庭式點心。
甫出爐的口感如同舒芙蕾般膨鬆柔軟。
經一晚冷卻後，吃起來就像卡士達布丁般滑潤。
雖然在法國多以櫻桃製作，
換成黃桃或蘋果也很好吃。

a

b

c

d

・材料（直徑18cm的塔模1個份）

豆漿	120g
鮮奶油	100cc
優格	100g
砂糖	100g
蛋	2顆
低筋麵粉	40g
杏仁粉	40g
藍姆酒	1小匙
黃桃切片、糖粉	酌量

・製作方法

1. 在烤模內抹上奶油，撒上手粉（皆為份量外），放入冰箱冷卻備用。〈**a**〉
2. 將蛋與糖擦底攪拌後，再倒入優格、豆漿、鮮奶油一起攪拌。〈**b**〉
3. 把低筋麵粉、杏仁粉、蘭姆酒倒入步驟2，輕快地攪拌（勿攪拌過度）。〈**c**〉
4. 將步驟3的麵糊倒入烤模，在表層排放黃桃切片。〈**d**〉
5. 放入預熱至160℃的烤箱，大約烘烤40分鐘。
6. 可依喜好撒上糖粉，作最後裝飾。

point

➲靜置一晚，口感變成蛋糕般厚實時最為好吃。也可以在剛出爐時，馬上享用。搭配冰淇淋也很美味喔！

草莓千層可麗餅

Strawberry Mille Crepe

切成 1/8 大小　95kcal

將薄如蟬翼、輕飄飄的可麗餅麵皮，
仔細地層層疊加作成千層可麗餅。
品嚐一口，柔嫩濕潤的麵皮，
感受千層可麗餅溫和的甜味，
與溫暖療癒地幸福感……

a

b

c

d

・材料

豆漿	150cc
蛋	1顆
砂糖	1/2大匙
豆漿牛奶醬	200cc
低筋麵粉	50g
泡打粉	1/4小匙
草莓	12顆
白蘭地	1/2小匙
糖粉	酌量

・製作方法

1. 取蛋與砂糖擦底攪拌後，加入半量的豆漿。
2. 將低筋麵粉與泡打粉過篩後，倒入步驟1攪拌均勻，再倒入剩下的豆漿與白蘭地，持續攪拌至滑潤狀。
3. 將步驟2放入冰箱至少2小時進行休眠。
4. 平底鍋加熱，塗上一層薄薄的油，將步驟3的可麗餅麵糊薄薄地推開。〈**a**〉
5. 以小火加熱，待表層變乾後翻面，兩面都要煎，請勿烤焦。〈**b**〉
6. 等到步驟5的可麗餅冷卻後，擺上豆漿牛奶醬（請參閱p.8）與草莓切片作出層次。〈**c**〉
7. 輕輕按壓表皮，讓醬料麵皮充分融合。放入冰箱至少冷藏30分鐘讓其休眠，比較容易切開。最後撒上糖粉，分切享用。〈**d**〉

太妃糖

Soft Taffy

1個 30kcal

自製健康的太妃糖，最讓人放心！
想吃的時候，往嘴巴一丟就ok！
在豆漿的自然甘甜與滑膩的懷舊口感中，
重新發現單純無添加的美味，
令人不知不覺浮出笑靨。

a

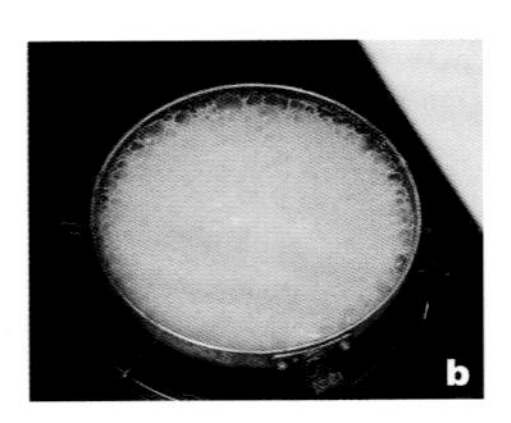
b

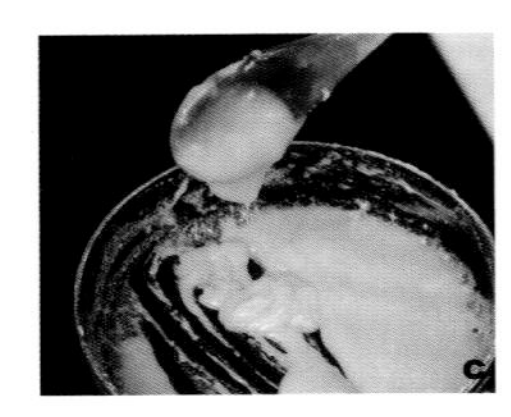
c

d

・材料（12個分）

豆漿	200cc
砂糖	60g
奶油	1小匙

・製作方法

1. 將全部材料放入平底鍋，以中火加熱。〈**a**〉
2. 沸騰後轉小火，不時攪拌，進行熬煮。〈**b**〉
3. 煮至材料呈厚實狀，頻繁地攪拌，留意不要燒焦。〈**c**〉
4. 持續熬煮至舀起不久即自然滴落的黏度後熄火，倒入鋪妥保鮮膜的平底方盤裡，將材料均勻推展至厚度一致。〈**d**〉
5. 放入冷凍庫冷卻凝固，分切後以蠟紙包起。

薄荷巧克力杯子蛋糕

Mint Chocolate Cup Cakes

1個 153kcal（不含糖霜）

從可可風味微微飄散出的
薄荷清涼感，是這款杯子蛋糕特殊的點綴。
以帶有巧克力微苦的
淡綠色糖霜，
描繪出清爽的色澤。

a

b

c

d

・材料（杯子蛋糕模型 8個分）

豆漿 250cc
生豆渣 60g
可可粉 3大匙
三溫糖 80g
（※三溫糖為日本紅砂糖。）
低筋麵粉 150g
泡打粉 1小匙
沙拉油 1大匙
蘭姆酒 1小匙
搗碎的薄荷糖 1大匙至2杯
＜糖霜用＞
奶油乳酪 30g
糖粉 15g
奶油 15g
綠色食用色素（薄荷精為佳）、可依喜好使用削成薄片的純苦巧克力
.... 酌量

・製作方法

1. 將生豆渣放入微波爐加熱至水分蒸發。
2. 混合豆漿與沙拉油，倒入步驟1內加以攪拌。〈**a**〉
3. 將低筋麵粉、可可粉、三溫糖與泡打粉混合過篩，倒入步驟2一起攪拌。
4. 將搗碎的薄荷糖倒入步驟3拌勻，均分至烤模內，放進預熱至180℃的烤箱，大約烘烤20分鐘。
5. 抹糖霜時，把奶油乳酪放置室溫軟化，充分搓揉混合，接著加入糖粉拌勻。若要製成巧克力薄荷口味，則加入綠色食用色素與削成薄片的巧克力攪拌。〈**b**〉〈**c**〉
6. 待蛋糕完全冷卻，可以擠花的方式，或使用抹刀將糖霜抹在蛋糕上。可將蛋糕上方切平，以方便塗抹。〈**d**〉

point

- 當日及次日最好吃。
- 可以在糖霜上方撒上喜歡的裝飾用金（銀）珠或巧克力米作為點綴，也相當可愛。

地瓜黑糖布丁

Sweet Potato Pudding

1個　129kcal（楓糖漿 18kcal）

地瓜鬆軟熱呼，黑糖濃醇飽滿，
組成了這道濃郁醇厚的成人口味布丁。
吃起來潤滑緊實，
尺寸雖小，卻飽足感十足，
搭配上楓糖漿，可享受美味交織的餘韻。

a

b

c

d

・材料（杯子 4個份）

豆漿	100cc
地瓜	80g至100g
鮮奶油	50cc
蛋	1顆
黑糖	20g
楓糖漿	酌量

・製作方法

1. 將地瓜煮軟備用。〈**a**〉
2. 豆漿、鮮奶油倒入步驟1後，以手持攪拌器充分攪拌。〈**b**〉
3. 再將蛋與黑糖加入步驟2，充分攪拌成滑潤狀後，以網篩過濾。〈**c**〉
4. 將步驟3倒入杯中，並在烤盤內裝滿熱水，放入預熱至150℃的烤箱大約蒸烤20分鐘。〈**d**〉
5. 自烤箱取出布丁，待涼後放入冰箱冷卻，食用前淋上楓糖漿即可。

藍莓蛋糕

Blueberry Cake

切成 1/8 大小　84kcal（不含裝飾）

粉嫩色調看起來秀色可餐，是一款充滿清涼感的點心，
以藍莓鮮豔的色澤作成蛋糕，
豐富的果實顆粒口感，
帶點生乳酪般微微的酸氣，
在口中清爽地蔓延開來。

a

b

c

d

・材料

（直徑15cm的圓形活底蛋糕模1個份）
※非素

材料	份量
豆漿	250cc
水切優格	220g至250g
吉利丁粉	10g
蜂蜜	3大匙
藍莓（新鮮或冷凍皆可）	1杯
藍莓醬	3大匙
檸檬汁	1大匙
白葡萄酒	1大匙
發泡鮮奶油	酌量

・製作方法

1. 吉利丁粉以檸檬汁與白葡萄酒泡軟備用。若是水分不足，可以適量的份量內豆漿補足。
2. 混合豆漿、水切優格與蜂蜜，並以手持攪拌器充分攪拌。〈**a**〉
3. 把步驟1放入微波爐加熱溶解（不需沸騰）後，慢慢倒入步驟2，邊倒邊持續攪拌。〈**b**〉
4. 將醬料倒入步驟3，充分攪拌均勻後，以網篩過濾。
5. 將藍莓醬倒入步驟4，以手持攪拌器充分攪拌。也可依喜好放入整顆莓果。〈**c**〉
6. 連同調理盆放入冰箱冷藏，直至材料呈濃稠狀後，取出倒入活底蛋糕模中。模具底部請事先鋪上一層錫箔紙，以免材料滲漏。
7. 再放入冰箱冷卻凝固。享用前可依喜好把發泡鮮奶油擠花在蛋糕上。〈**d**〉

point

➲當天享用最好吃。

肉桂蘋果甜粥
Apple Cinnamon Porridge

1人份　180kcal

在豆漿中放入蘋果&麥片，熬煮出暖胃的粥品。
品嚐這一款天然元氣的養生甜粥，
讓人由內到外散發出漂亮光彩，
早晚都想嚐上一碗呢！

a

b

c

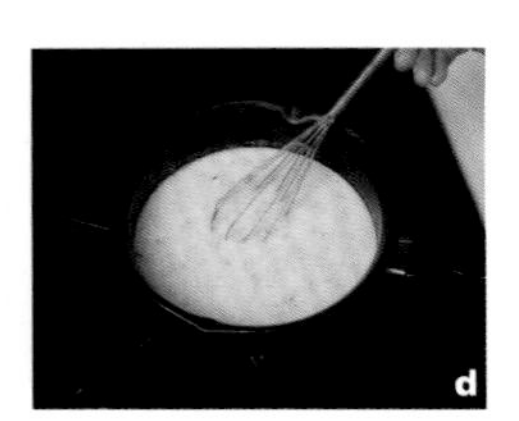
d

・材料

材料	份量
豆漿	300cc
蘋果	1/2個
砂糖	1大匙
檸檬汁	1小匙
麥片	1/4杯
鹽	1撮
肉桂粉	1撮
楓糖漿、奶油	酌量

・製作方法

1 蘋果切薄片，撒上砂糖與檸檬汁，約靜置10分鐘。〈**a**〉
2 蘋果覆蓋保鮮膜，放入微波爐約加熱3分鐘，加熱至熱透。撒上肉桂粉，輕輕地攪拌。〈**b**〉
3 把步驟2與豆漿倒入厚質的鍋中，以中火加熱。
4 在材料即將沸騰之前，轉成極小火，倒入麥片。〈**c**〉
5 取1撮鹽放入步驟4的鍋中，大約煮5分鐘無需沸騰。〈**d**〉
6 可依喜好搭配蜂蜜糖漿或奶油享用。

point
➲剛煮好時最好吃。

柚子慕斯

Yuzu Mousse

1個　80kcal

以奶油乳酪香醇濃郁的乳香，
與優格的清爽口感作成的柑橘系慕斯，
融合了桔子與柚子豐富的香氣，
完成了這款色澤明豔誘人，獨具魅力的甜品。

a

b

c

・材料（2杯份）※非素

豆漿 100cc
奶油乳酪 30g
柳橙汁 150cc
柚子醬 50g
優格 30g
吉利丁粉 5g
裝飾用的柚子醬、白葡萄酒....... 酌量

・製作方法

1. 將奶油乳酪放置室溫軟化，吉利丁粉放入柳橙汁泡漲備用。
2. 將優格、柚子醬倒入奶油乳酪中，充分攪拌。〈**a**〉
3. 將步驟1的柳橙汁放入微波爐加熱（不需沸騰），至當中的吉利丁粉溶解後，再拌入步驟2內。〈**b**〉
4. 將豆漿倒入步驟3拌勻後，再倒入杯中，放進冰箱冷藏。〈**c**〉
5. 以白葡萄酒稀釋裝飾用的柚子醬，依喜好作為裝飾。

point

➲ 當天吃最好吃。冷藏保存可至次日。

英式查佛蛋糕

Trifle

切成 1/8 大小　232kcal

英國的傳統甜點——查佛蛋糕。
豆渣海綿蛋糕帶著白蘭地香氣，
融合豆漿醬的甜味，作成成熟大人風味的蛋糕。
亦可以蜂蜜來代替洋酒，依相同步驟製作完成後，
就搖身一變成為孩子們喜歡的午茶點心了呢！

a

b

c

d

・材料（20cm方形耐熱容器1個份）

豆漿卡士達醬	1杯
豆漿發泡鮮奶油	1/2杯
砂糖	1大匙
豆渣海綿蛋糕	1/2片
白蘭地、水	少量
裝飾用的水果、糖粉	酌量

・製作方法

1. 製作豆漿卡士達醬。（請參閱p.8）
2. 豆漿發泡鮮奶油加入砂糖後，攪拌至八分濃稠度。
3. 白蘭地以水稀釋後，倒在豆渣海綿蛋糕（請參閱p.80瑞士卷作法）上，均勻打散備用。〈**a**〉
4. 將豆漿卡士達醬、半量的海綿蛋糕、豆漿發泡鮮奶油、另一半海綿蛋糕，依序疊放在容器內。〈**b**〉〈**c**〉
5. 最後放上水果，撒上糖粉作為修飾。〈**d**〉

point

➲製作完成當日最好吃。

奶凍

Blancmange

1個　210kcal（不含醬汁）

色澤雪白、質感柔滑的奶凍，
這是一款最具豆腐風情的甜點。
舀一口放進嘴巴，入口即溶。
淋上黑芝麻醬更是雅緻，
搭配果醬更富水果風味，組合相當隨性多變。

e

a

b

c

d

・材料（布丁杯4個份）※非素

豆漿	250cc
鮮奶油	150cc
吉利丁粉	5g
砂糖	20g
白葡萄酒	1大匙
水	1大匙
果醬、白葡萄酒	酌量
黑芝麻醬、蜂蜜	酌量

・製作方法

1. 混合水與白葡萄酒後，倒入吉利丁粉泡漲備用。〈**a**〉
2. 將豆漿、鮮奶油、砂糖倒入鍋中加熱（不需沸騰），再將步驟1倒入鍋中溶解。〈**b**〉
3. 將步驟2以網篩濾到調理盆，放入冰箱大約冷藏30分鐘直至變稠狀。〈**c**〉
4. 以打蛋器將步驟3打至黏稠（保有空氣感），倒入布丁杯。以湯匙等工具撈出氣泡。〈**d**〉
5. 以蜂蜜調整黑芝麻醬的甜度，淋在凝結的布丁上。

point

- 當天至第二天吃最好吃。冷藏保存可存放至次日。
- 可依喜好淋上蔓越莓醬或奇異果醬（水果淋上糖後放入微波爐加熱。也可直接使用果醬）也很好吃。〈**e**〉

麵包布丁
Bread Pudding

1/8量 104kcal（相當80g麵包）

以麵包作的「媽媽味」麵包甜布丁，
曾經吃過一次，那甘甜好滋味令人難以忘懷，
舀起大大一湯匙豪邁享用，身心都會暖洋洋的。
善用家中剩餘的麵包，作成自家的經典甜點！
搭配冰淇淋，絕對是會令你自豪的美味組合。

a

b

c

d

・材料（20cm方形耐熱容器1個份）

豆漿 300cc
砂糖 70g
蛋 2顆
硬麵包（法式長棍麵包最適合） 適量
香草精 2至3滴
肉桂粉、糖粉、楓糖漿 .... 酌量

・製作方法

1 麵包撕成一口大小備用。〈**a**〉
2 豆漿加熱至不燙手的程度，用來溶解糖分。〈**b**〉
3 將雞蛋打入步驟2充分攪拌後，倒入香草精。〈**c**〉
4 以細孔網篩來過濾步驟3。
5 在容器內薄薄地抹上分量外的奶油，先放入步驟1的麵包，再倒入步驟4的材料。〈**d**〉
6 烤盤內裝滿熱水，放入預熱至160℃的烤箱，大約烘烤20分鐘。
7 食用之前撒上肉桂粉、糖粉或淋上楓糖漿，可增加風味。

point

- 剛出爐時最好吃。冷藏約可存放兩天。
- 趁還熱呼呼的時候，依喜好搭配冰淇淋也很好吃。

抹茶冰淇淋
Green Tea Ice Cream

1/4 量 57kcal

日式甜點中的經典——抹茶冰淇淋。
以豆漿製作好吃又健康呢！
具有安神效果的抹茶茶末，會在味蕾上留下隱隱的微苦，
只有大人才能享受這樣的韻味，真是太可惜了……
以抹茶作成冰淇淋，口感溫和清爽，茶的香氣也相當出色，
是一道老少咸宜的極品和風甜點。

c

a

b

・材料 ※非素

豆漿	200cc
脫脂奶粉	1大匙
抹茶粉	1小匙
糖	2大匙
吉利丁粉	1/2小匙

・製作方法

1. 將抹茶粉與脫脂奶粉、砂糖混合後，加以充分攪拌。〈**a**〉
2. 取少許豆漿與步驟1一起擦底攪拌，讓糖分充分溶解。
3. 以剩餘的豆漿將吉利丁粉泡漲，再倒入加熱溶解的步驟2一起拌勻。
4. 倒入容器後，放入冰箱冷凍庫結凍。冷凍途中需自冷凍庫取出2至3次進行攪拌，大量地拌入空氣。〈**b**〉
5. 盛放在容器中，可依喜好裝飾。

point

- 製作完成至放入冷凍庫約一週的時間，是最佳賞味期。
- 將抹茶粉換成可可粉，即可作成巧克力冰淇淋；以煮過的紅茶與豆漿製作，即可作成紅茶冰淇淋。〈**c**〉
- 混合穀物或奶油，作成芭菲冰淇淋聖代也很好吃喔！

檸檬蛋糕

Lemon Cake

切成 1/8 大小　147kcal（不含糖衣）

這是一款餘味清爽的蛋糕，
檸檬的風味，扎實地溶入麵糊中，
糖衣融合檸檬的香氣，
酸甜完美平衡，口感美妙無比。
建議來杯紅茶搭配出色的檸檬風味。

a

b

c

d

・材料

（14cm的咕咕霍夫蛋糕烤模2個份）

豆漿	50cc
蛋白	3顆份
砂糖	100g
奶油	50g
低筋麵粉	100g
泡打粉	1/2小匙
檸檬汁1個份&切碎的檸檬皮	
〈糖衣用〉	
糖粉	50g
檸檬汁	2小匙

・製作方法

1. 在咕咕霍夫蛋糕烤模內抹上一層奶油，撒上些許手粉（皆為份量外），放入冰箱冷藏備用。
2. 取蛋白與砂糖擦底攪拌，再倒入檸檬汁與檸檬皮碎片一起攪拌。〈**a**〉
3. 將已過篩的低筋麵粉與泡打粉，倒入步驟2拌勻。〈**b**〉
4. 在步驟3內倒入豆漿，再把溶解的奶油一併倒入拌勻。〈**c**〉
5. 將步驟4放入冰箱大約1個小時，進行休眠。
6. 將步驟5倒入烤模，以預熱至180℃的烤箱烘烤約20分鐘。〈**d**〉
7. 待涼後淋上糖衣。

<糖衣的作法>
將檸檬汁徐徐地倒入糖粉於蛋糕模中攪拌。
利用蛋糕餘熱進行溶解，調製成接近固體的濃稠度較佳。

point

- 第二天最好吃。冷藏可保存2至3日。
- 製作糖衣，一定要使用糖粉而非砂糖。

布朗尼

Brownie

切成 1/8 大小 149kcal

濕潤口感的布朗尼，
品味巧克力的風味與濃郁香醇。
搭配爽口的椰香提味，
更增添了幾許南國風情。
白色搭配褐色，外型相當時髦好看喔！

a

b

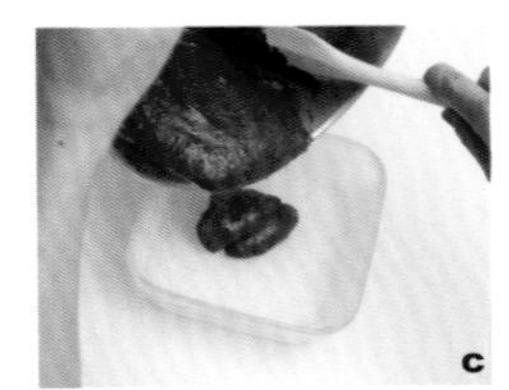
c

d

・材料（20cm的方形烤模1個份）

豆漿	150cc
低筋麵粉	100g
可可粉	40g
泡打粉	1/2小匙
三溫糖	40g
蜂蜜	2大匙
沙拉油	2大匙
蘭姆酒	1小匙
椰絲	1/2杯

（※三溫糖為日本紅砂糖。）

・製作方法

1. 將豆漿、沙拉油、蜂蜜、三溫糖混合拌勻。〈**a**〉
2. 將低筋麵粉、可可粉、泡打粉混合過篩後，倒入步驟1充分攪拌。〈**b**〉
3. 先在烤模內撒入份量外的手粉後倒入步驟2的材料，再將椰絲撒在表層。放入預熱至170℃的烤箱，大約烘烤30分鐘。〈**c**〉〈**d**〉

point

➲製作完成當日至放入冰箱冷藏保存後，約2至3日，最為好吃。

※於步驟1時，多放入一顆蛋，完成後口感會更加綿密濕潤。

Part 4 以豆渣作甜點

Using Okara.

豆渣的味道雖然質樸，但其單純風味也擁有許多粉絲呢！

將濕潤、沙沙的滋味悄悄揉入麵團中，

就能成為營養充足、質感清爽飽滿，

且足以飽餐的美味甜點喔！

和三盆糖雪球

Wasambon Sugar Snow Ball Cookies

1個 64kcal

這款小小圓圓的雪球，
就是利用豆渣沙沙清爽的口感
與和三盆糖出色的甘味所作成的。
紋理細緻的和三盆糖，宛如細雪一般。
有著入口即化的細膩口感。

a

b

c

d

・材料（約20個份）

豆渣粉 20g
低筋麵粉 130g
糖 30g
和三盆糖 20g
沙拉油 60g
塗抹用的和三盆糖 .... 酌量
（＊和三盆糖是由一種俗稱「竹糖」的日本甘蔗品種所精製而成的頂級砂糖，成分近似日本黑砂糖。）

・製作方法

1. 將豆渣粉和過篩過的低筋麵粉、糖、和三盆糖放入調理盆中。〈**a**〉
2. 將沙拉油倒入步驟**1**，攪拌並集中成一整塊。〈**b**〉
3. 把步驟**2**搓成適當大小，排放在烤盤上，放入預熱至170℃的烤箱，大約烘烤20分鐘。〈**c**〉
4. 步驟**3**放涼後，倒入裝有和三盆糖的塑膠袋，小心地讓表面沾滿糖粉後，自袋中取出放置冷卻。〈**d**〉
5. 等到步驟**4**完全冷卻後，再次為整體抹上和三盆糖。

point

➔製作完成後的3至4日間最好吃。待完全冷卻後，可放入密閉容器保存。

瑞士卷
Swiss Roll

切成 1/8 大小 192kcal

在烤好的濕潤海綿蛋糕上，
抹上蓬鬆柔軟的鮮奶油。
份量十足，餘味清爽，
是一款想天天品嚐的美味蛋糕。
外型雅緻，帶點懷舊氛圍，是洋菓子中的經典代表！

a

b

c

d

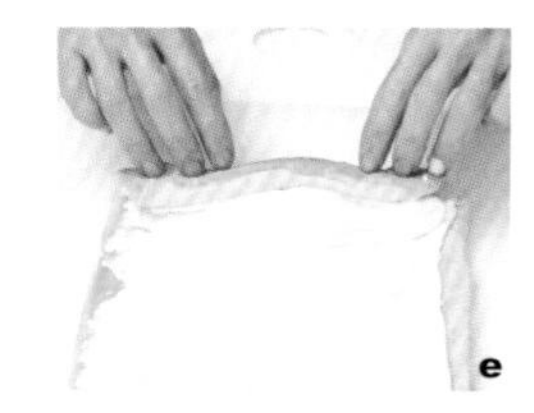
e

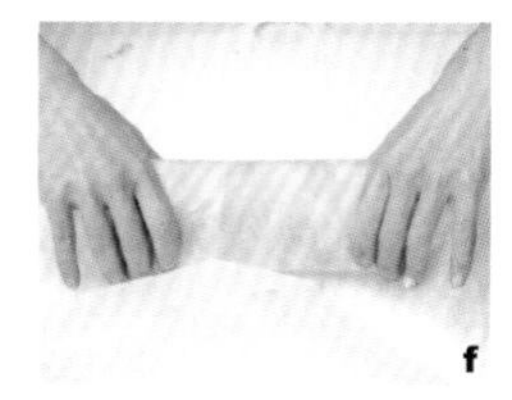
f

・材料（約20cm瑞士卷1條份）

生豆渣	60g
低筋麵粉	20g
蛋	4顆
砂糖	70g
豆漿	3大匙
沙拉油	3大匙
瑞士卷用鮮奶油	100cc
奶油醬用砂糖	30g

・製作方法

1. 將生豆渣放入微波爐加熱，讓水分蒸發後加以冷卻。
2. 將蛋黃與蛋白分離。取4份蛋白及20g糖，打發成扎實的蛋白霜。〈**a**〉
3. 在步驟**1**加入**4**顆蛋黃、50g砂糖、豆漿、沙拉油，充分攪拌混合。〈**b**〉
4. 將低筋麵粉過篩入步驟**3**後進行攪拌（勿攪拌過度）。
5. 將步驟**2**分3次倒入步驟**4**，輕快地攪拌。〈**c**〉
6. 把步驟**5**均勻地鋪放在鋪妥烘焙紙的烤盤上，放入預熱至170℃的烤箱，大約烘烤15分鐘。〈**d**〉
7. 出爐後後，在表層覆蓋防止乾燥用的保鮮模，靜置待涼。變涼後每隔約5cm劃一道淺淺的切痕，方便捲動材料。
8. 將糖放入鮮奶油中，打發成九分濃稠度。
9. 將步驟**8**的鮮奶油，抹在步驟**7**的蛋糕體上，上下左右請各預留大約1cm空間。在起捲處多抹上一些奶油，以方便捲動。捲好後合起接合處，並以保鮮膜或捲簾緊緊包住，放入冰箱大約1個小時進行休眠。〈**e**〉〈**f**〉

point

➲次日享用最為美味，建議冷藏保存一日。

以豆渣作甜點

Using Okara.

冰盒子餅乾

Ice Box Cookies

1片 54kcal

宛如魔術方塊般的棋盤圖案，
是一款外型活潑歡樂的可口餅乾。
可嚐到喜愛圖案的雀躍心情，
以遊樂的心情自由發揮，
多作些好吃又營養的點心吧！

a

b

c

d

・材料（25塊的分量）

豆渣粉 50g
低筋麵粉 200g
砂糖 80g
植物性奶油 100g
蛋 1顆
可可粉 1大匙

・製作方法

1. 植物性奶油放置室溫軟化，加入砂糖後，打發至泛白膨鬆柔軟狀。〈**a**〉
2. 將蛋液慢慢倒入步驟**1**打發，過程中不要產生油水分離的狀態。
3. 將低筋麵粉與豆渣粉拌勻後，先取出110g另置，再把可可粉加入其中。
4. 將步驟**2**約分成2等分，一半倒入步驟**3**的可可粉類，另一半倒入原味粉類，輕快地攪拌集中（勿攪拌過度）。〈**b**〉
5. 將步驟**4**的可可與原味麵團疊放在平底方盤中，擀成薄且平的狀態，放入冰箱30分鐘進行休眠。
6. 將步驟**5**切成約1cm厚，交疊成棋盤狀的圖案，以保鮮膜捲起，放入冷凍庫休眠30分鐘。〈**c**〉〈**d**〉
7. 取出步驟**6**的材料，快速切成5mm厚片狀，排放在烤盤上，以預熱至170℃的烤箱，大約烘烤15分鐘。

point

➔ 出爐至放入保存容器約1週的時間，是最佳賞味期。

松露

Truffle

1個 38kcal

松露可說是巧克力點心之王。
搭配咖啡是一種經典享受，
與香檳一起享用也十分契合，
將此款豪華松露，俐落地作成優雅的雪白色。
撒上抹茶或可可粉，便華麗地完成了。

a

b

c

d

・材料（10個份）

生豆渣 50g
豆漿 30cc
片狀巧克力 .... 1片（約55g）
脫脂奶粉 1大匙
上新粉 1大匙
塗抹用的糖粉、可可粉、抹茶粉
.... 酌量
蘭姆酒 1小匙
（※上新粉為粳米粉。）

・製作方法

1 把豆渣放入微波爐，大約加熱2分鐘。
2 把巧克力切碎，倒入步驟**1**，利用餘熱融化巧克力。〈**a**〉
3 以豆漿來溶解上新粉與脫脂奶粉，再加入蘭姆酒，以微波爐加熱1分鐘後再加入步驟**2**。〈**b**〉
4 充分攪拌步驟**3**，直至黏性札實。若黏度不夠，可再加熱30秒至1分鐘。
5 將步驟**4**鋪在平底方盤，放入冰箱冷卻。〈**c**〉
6 步驟**5**冷卻後，搓成適當大小，再撒上抹茶粉。〈**d**〉

point

➔從完成當日至次日最好吃。冷藏保存可。
➔在食用之前，撒上粉類成品會更加清爽漂亮。

以豆渣作甜點

U s i n g O k a r a .

甜馬鈴薯蛋糕

Sweet Potato Cake

1個 166kcal

善用地瓜蘊含的天然色澤與香甜風味，
作成這一款懷舊的甜點。
單純的輕甜，勾勒出蘭姆酒的大人味，
搭配撞色感的紫芋也很適合。
日式和西式的擺盤皆隨心所欲。

a

b

c

d

・材料（8個份）

生豆渣	150g
熟地瓜	200g
鮮奶油	100cc
三溫糖	50g
蛋黃	2顆份
奶油	30g
蘭姆酒、肉桂粉	酌量
香草精	2至3滴
鹽	1撮
〔增加光澤用〕	
蛋黃	1顆份
水	少量

（※三溫糖為日本紅砂糖。）

・製作方法

1. 將生豆渣、地瓜、鮮奶油、三溫糖、蘭姆酒、肉桂粉混合後，加以充分攪拌。〈**a**〉
2. 將蛋黃、放置室溫軟化的奶油、鹽、香草精加入步驟**1**，以手持攪拌器充分攪拌，並集中成一大塊。〈**b**〉
3. 以手為步驟**2**塑型，各別放入船形鋁杯中，排列在烤盤上。蛋黃加些水，製成蛋黃液，以刷子把蛋黃液塗在表層。〈**c**〉
4. 放入預熱至170℃的烤箱，大約烘烤10分鐘後，取出以刷子再刷一層蛋黃液，放入烤箱烘烤5分鐘。〈**d**〉

point

➲完成當日與次日最好吃。
➲熱騰騰剛出爐的蛋糕，搭配奶油醬也很美味。

以豆渣作甜點

Using Okara.

胡蘿蔔蛋糕

Carrot Cake

1 個 183kcal（不含糖霜）

杯子蛋糕有著淡淡的橘褐色與溫和的甜味，
好似能開心地補充元氣般，
直接大口品嚐這樣的美味吧！
擠上糖霜稍加裝飾，
外觀隨性，相當討人喜歡呢！

a

b

c

・材料（杯子蛋糕烤模8個份）

生豆渣 70g
低筋麵粉 100g
泡打粉 1小匙
鹽 1撮
三溫糖 120g
蛋 2顆
沙拉油 50cc
胡蘿蔔 150g
肉桂粉、蘭姆酒 .... 酌量
〔糖霜用〕
奶油乳酪 30g
糖粉 15g
奶油 10g
檸檬汁 .... 少許
（※三溫糖為日本紅砂糖。）

・製作方法

1 將低筋麵粉、鹽、泡打粉、肉桂粉混合過篩備用。
2 胡蘿蔔切成適當大小後，與蛋、沙拉油一起倒入調理盆中，以手持攪拌器攪拌成粗泥狀。〈**a**〉
3 將三溫糖、蘭姆酒、豆渣，依序倒入步驟**2**的調理盆內，每次加入皆須充分攪拌。
4 將步驟**1**倒入步驟**3**中攪拌（勿攪拌過度）。〈**b**〉
5 將步驟**4**倒入烤模中，放入預熱至170℃的烤箱，大約烘烤25分鐘。
6 混合全部的糖霜材料，以手持攪拌器充分攪拌，待步驟**5**的材料完全冷卻後，擠上糖霜作為裝飾。〈**c**〉

point

➔完成當日至次日最好吃。
➔若想添加些喜歡的果乾或堅果，可於步驟**4**時加入。

焙茶義大利脆餅

Roasted Green Tea Biscotti

1條 48kcal

充滿魅力的義式脆餅，咬起來硬實&爽脆，
是一道將豆渣特色發揮極致的甜點。
以焙茶製作的茶香與色澤，
更能襯托出脆餅棒愈嚼愈香的純樸好味道。

a

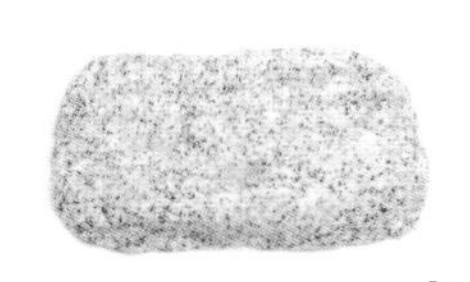

b

c

・材料（10條份）

生豆渣	90g
低筋麵粉	80g
砂糖	30g
濃煮日式焙茶	50cc
日式焙茶	6g
寒天粉	2g

・製作方法

1. 將生豆渣放入微波爐（不須加蓋）大約加熱2分鐘，待水分蒸發，放置冷卻。
2. 將低筋麵粉、糖、日式焙茶、寒天粉混合過篩，倒入步驟**1**攪拌混合。〈**a**〉
3. 把濃煮日式焙茶，倒入步驟**2**拌勻。若材料未能集中成一整塊，可以加些水攪拌。
4. 將步驟**3**擀成四方形，放入預熱至180℃的烤箱，大約烘烤15分鐘。〈**b**〉
5. 從烤箱取出後，切成片狀，排列在烤盤上再次放入烤箱烘烤。〈**c**〉
6. 單面先烤15分鐘，再翻面烘烤15分鐘。

point

➲剛出爐至放入保存容器約1週的期間，為最佳賞味期。

以豆渣作甜點

Using Okara.

酒粕蛋糕

Sake Lees Cake

切成1/ 8大小　186kcal

烤得Q彈可口的蛋糕裡，
融入紅豆的濕潤口感，
與漂浮在空氣中微微的酒粕香氣，
吃起來就像長崎蛋糕般順口，
就連不喜歡酒粕的人，也能轉眼間全部吃光光！

a

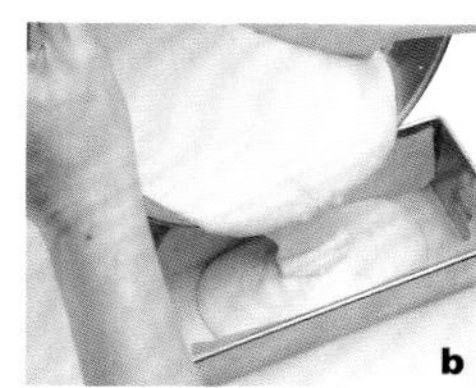

b

c

・材料（15cm 的方形烤模1個分）

生豆渣	150g
低筋麵粉	70g
砂糖	60g
脫脂奶粉	1大匙
泡打粉	1小匙
玉米粉	1/2大匙
鹽	1撮
酒粕	70g
蛋	1顆
豆漿	200cc
罐裝蜜紅豆	200g
寒天粉	1小匙

・製作方法

1 將生豆渣放入微波爐加熱，讓水分蒸發備用。

2 把全部材料放入調理盆（除罐裝蜜紅豆與寒天粉之外），充分攪拌至滑潤狀。〈**a**〉

3 在烤模中鋪上烤焙紙，倒入步驟**2**的材料，以預熱至170℃的烤箱，大約烘烤15分鐘。〈**b**〉

4 中途將步驟**3**自烤箱取出，把罐裝蜜紅豆與寒天粉拌勻，鋪放在蛋糕表層。蓋上鋁箔紙以防止紅豆烤焦，再入箱烘烤10分鐘。〈**c**〉

point

➔次日至放入冰箱保存2至3日間，為最佳賞味期。

巧克力塔
Chocolate Tarte

切成 1/2 大小 209kcal

味道濃郁的巧克力塔，將巧克力的香醇風味，
與層次豐富的可可香氣發揮到極致。
不僅外觀雅緻，擺在桌上更顯得華麗搶眼！

a

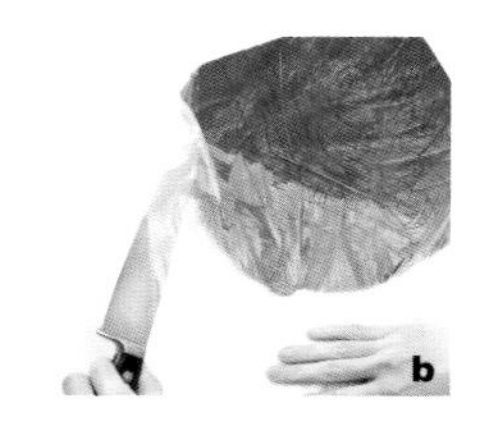
b

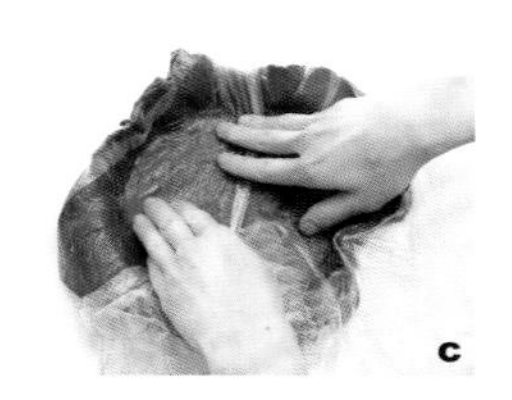
c

d

e

f

g

・材料（直徑18cm的塔模）

<塔皮>

豆渣粉	10g
低筋麵粉	80g
可可粉	20g
糖	40g
蛋黃	1顆
沙拉油	50g

<內餡>

純苦巧克力	100g
豆腐	40g
鮮奶油	70g
蘭姆酒	少許

<牛奶巧克力奶油醬>

牛奶巧克力	50g
豆腐	40g
鮮奶油	70g
蘭姆酒	少許

・製作方法

<塔皮>

1. 在烤模內塗上奶油，撒上些許手粉粉（皆為份量外），放入冰箱冷藏備用。
2. 低筋麵粉、可可粉、豆渣粉一起混合過篩，倒入塑膠袋，再將已充分攪拌的蛋黃、糖、沙拉油也倒入其中。〈**a**〉
3. 將全部的材料拌勻，集中成一大塊，連同塑膠袋放入冰箱，冷藏30分鐘，進行休眠。
4. 連同袋子以擀麵棍擀薄，切開袋子左右兩側，取出麵皮。〈**b**〉
5. 將烤模蓋在步驟**4**上，再快速翻回後，將麵皮壓緊鋪入烤模當中。〈**c**〉
6. 以叉子在塔皮上全面戳洞後，放入預熱180℃的烤箱，大約烘烤15分鐘。出爐後，連同塔模放置至完全冷卻。〈**d**〉

<餡料>

1. 以手持攪拌器，將瀝乾水分的豆腐與鮮奶油充分攪拌後放入鍋中，待材料加熱後熄火，不需沸騰。
2. 巧克力切碎後倒入步驟**1**，以鍋中餘熱融化，再倒入蘭姆酒進行攪拌，最後徐徐地倒入塔皮中，放入冰箱冷藏凝固。〈**e**〉

<牛奶巧克力奶油醬>

1. 巧克力切碎加熱融化，倒入瀝乾的豆腐與蘭姆酒，攪拌至光滑狀。
2. 把奶油倒入另一調理盆，打發成八分濃稠度。一邊將步驟**1**慢慢地倒入調理盆，一邊進行打發。〈**f**〉
3. 將步驟**2**裝入附有擠花嘴的袋內，再擠花至餡料上。為避免奶油軟化，擠花前先將材料冰鎮備用較佳。〈**g**〉

point

➲完成當日至次日最好吃。

國家圖書館出版品預行編目資料

好味豆腐：38道低卡甜點開心吃：豆腐·豆渣·豆乳·油揚豆皮創意點心 / 鈴木理惠子著；陳曉玲譯. -- 初版. -- 新北市：養沛文化館, 2015.04面;公分. -- (自然食趣；19)

ISBN 978-986-5665-17-3(平裝)

1.豆腐食譜

427.33　　104001523

【自然食趣】19

豆腐・豆渣・豆乳・油揚豆皮創意點心

好味豆腐 38道低卡甜點開心吃

作　　者／鈴木理惠子
發 行 人／詹慶和
總 編 輯／蔡麗玲
執　　編／白宜平
譯　　者／陳曉玲
編　　輯／蔡毓玲・劉蕙寧・黃璟安・陳姿伶・李佳穎
執行美術／翟秀美
美術編輯／陳麗娜・李盈儀・周盈汝
出版者／養沛文化館
發行者／雅書堂文化事業有限公司
郵政劃撥帳號／18225950
戶名／雅書堂文化事業有限公司
地址／新北市板橋區板新路206號3樓
電子信箱／elegant.books@msa.hinet.net
電話／(02)8952-4078
傳真／(02)8952-4084

2015年4月初版一刷　定價280元

TOFU DE TSUKURU HEALTHY SWEETS
TOFU, OKARA, TOUNYU, ABURAAGE GA OKASHI NI NARU

Originally published in Japan in 2012 by SEIBUNDO SHINKOSHA PUBLISHING CO.,LTD.
Chinese translation rights arranged through TOHAN CORPORATION, TOKYO., and Keio Cultural Enterprise Co., Ltd,

總經銷／朝日文化事業有限公司
進退貨地址／新北市中和區橋安街15巷1號7樓
電話／（02）2249-7714　傳真／（02）2249-8715

Creative Staff

Art direction／Design
大橋　ギイチ
Photograh
石川　登
Edition／Writing
磯山　由佳

38道低卡甜點開心吃！

38道低卡甜點開心吃！